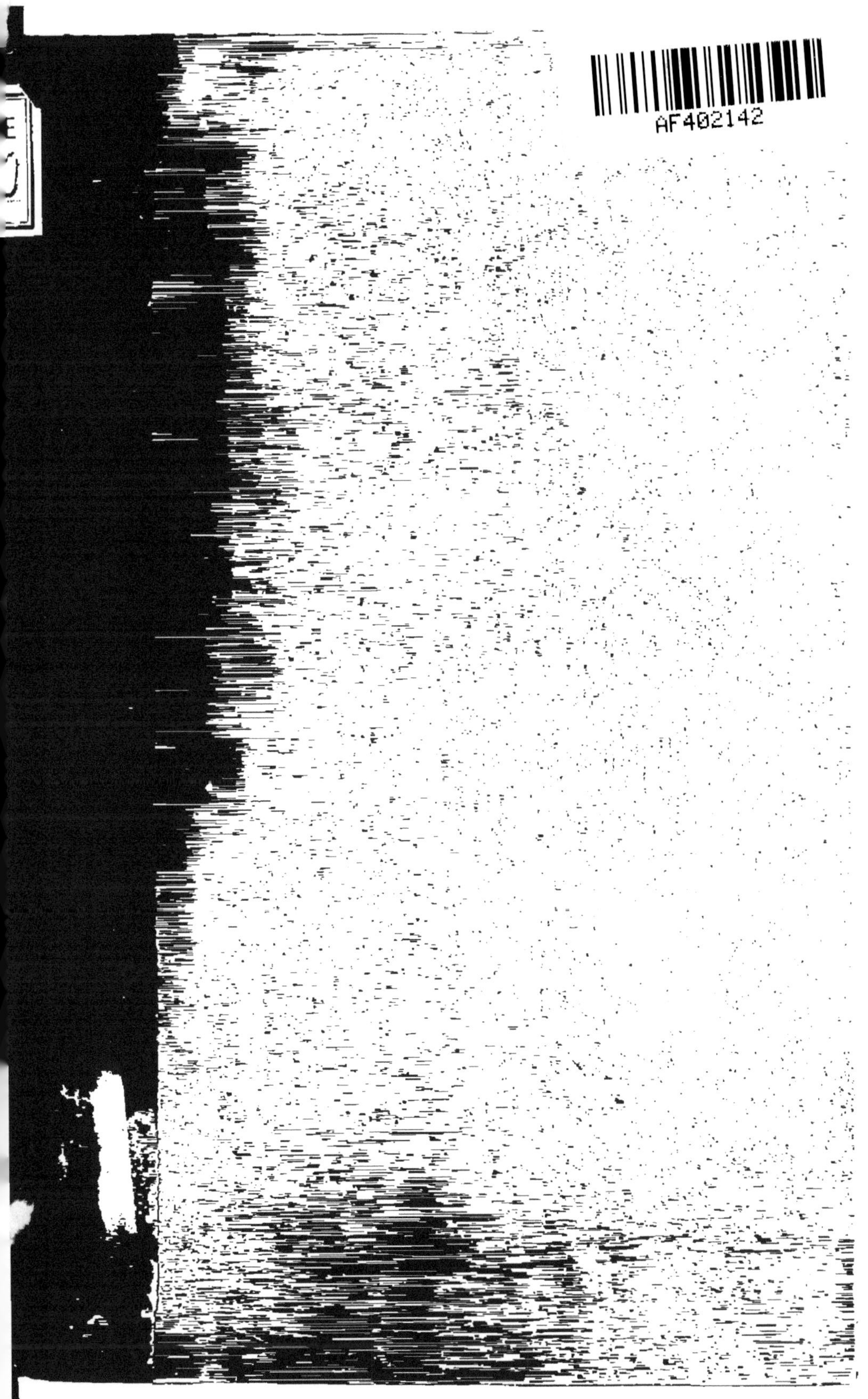

PROSPECTUS

DE

LA FOURNITURE

ET DISTRIBUTION

DES EAUX DE LA SEINE,

A PARIS,

PAR LES MACHINES A FEU.

1781.

PROSPECTUS

DES

EAUX DE PARIS.

L'ENTREPRISE des Machines à feu, pour donner à la ville de Paris autant d'eau qu'elle en peut confommer dans tous les cas poffibles, a moins été dans le principe, une fpéculation d'intérêt qu'un grand acte de courage & de patriotifme.

Quelques Citoyens Français ayant vu, d'un œil jaloux, la ville de Londres arrofée & fournie d'eau avec une profufion auffi abondante que peu couteufe à chaque particulier, gémiffaient à leur retour de trouver Paris dans la privation prefqu'abfolue de l'élément le plus néceffaire à la falubrité de l'air, à la propreté de la ville.

A

à la fanté, au bien-être des citoyens : ils ont effayé d'échauffer plufieurs bons efprits fur la gloire & l'utilité de cette grande entreprife.

Le bonheur de rencontrer dans les fieurs Périer frères, autant de lumières & d'habileté pour les Machines, que de qualités defirables dans une affociation, n'a pas peu contribué à réunir les vues & les moyens de la Compagnie actuelle, fur l'efpoir prochain d'un établiffement femblable à celui des Anglais.

Mais l'émulation que rien ne devrait arrêter, a fouvent mille obftacles à vaincre; la Compagnie ne s'en eft diffimulé aucun. Sans tirer de fecours que d'elle même, & fans chercher d'avance à s'affurer fi un nombre fuffifant de Soufcripteurs qu'elle ne voyait que dans l'éloignement, lui rendrait un jour l'intérêt de fes mifes de fonds, elle a ofé dépenfer près de deux millions à l'acquifition des terreins, des matériaux, des atteliers & inftrumens néceffaires à la

formation des deux Machines de son premier établissement ; sur - tout à l'achat &
à l'importation de tous les tuyaux & cilin-
dres qu'elle s'est vu forcée de tirer d'An-
gleterre ; & plus douloureusement encore
à traiter avec un Anglais établi à cent
vingt mille de Londres & qui venait d'ob-
tenir au mois d'Avril 1778, le privilége
exclusif d'établir des Machines à feu dans
toute la France.

La Compagnie Française a donc eu besoin
d'aller à Birmingham, acheter de cet Anglais,
le droit de faire à Paris des Machines qu'il n'y
fesait pas lui-même ; elle a, de plus, sciem-
ment consenti d'être plusieurs années sans
tirer aucun intérêt de ses grandes avances
& ce n'est qu'après avoir devoré tous les
dégouts & bravé des difficultés de tous les
genres, après avoir assuré ses succès par
une patience à toute épreuve, & par les
superbes travaux des sieurs Périer frères,
qu'elle se flatte enfin aujourd'hui de mé-
riter la bienveillance du Gouvernement
& la reconnaissance de ses concitoyens ,

en leur offrant, au plus bas prix & fous la forme d'une foufcription volontaire, autant d'eau pour le fervice public & dans les maifons particulieres, que les befoins & les convenances pouront en éxiger.

Le projet de la Compagnie eft de multiplier, autant qu'ils feront néceffaires, les établiffemens de Machines à feu qu'un Arrêt du Confeil revêtu de Lettres-Patentes enregiftrées au Parlement, & la permiffion achetée à un Anglais de Birmingham, l'ont autorifée à faire à Paris ; de façon que le volume d'eau ne foit jamais borné dans cette grande ville, que par l'étendue de fes befoins.

Les feules Machines à feu pouvaient remplir un Plan auffi magnifique. Bien fupérieures aux Machines hidrauliques telles que celles du Pont Nôtre-Dame & du Pont-Neuf, en les fuppofant même parfaites, dont on ne peut augmenter les forces, & dont les baffes, ou les grandes

eaux, sur-tout les glaces détruisent entiè-
rement l'effet, les Machines à feu ne sont
jamais arrêtées, ni par les gelées, ni par
les sécheresses; pourvu qu'elles aient, comme celles-ci, un tuyau d'aspiration plongé
dans l'eau bien au-dessous de l'épaisseur des
fortes glaces, & qui rampe l'été dans le
plus léger filet d'eau.

Elles sont supérieures même aux aque-
ducs dont la premiere dépense est toujours
si énorme, & dont on ne peut jamais accroi-
tre le produit; tandis que les gelées, les
chaleurs & la moindre réparation peuvent
tout-à-coup priver d'eau la ville qui comp-
tait sur eux.

L'eau donc étant d'une nécessité indis-
pensable, & son abondance ajoutant infini-
ment aux aisances de la vie; la Compagnie
présume que le Public va voir avec sa-
tisfaction un établissement qui remplit si
bien ce grand objet; un établissement in-
diqué, proposé par M. de Voltaire, à l'émulation Française il y a plus de cinquante ans,

dans un ouvrage où il nous reproche également notre avidité pour les nouveautés frivoles, & la coupable indolence que nous mettons à tout ce qui porte un caractère de grandeur & d'utilité nationales ; un établiffement enfin , dont l'exécution trop long - temps négligée , ofons l'avouer, a depuis près d'un fiecle, à notre honte & fous nos yeux, un fi grand fuccès à Londres où ces Machines font établies au nombre de onze.

Les avantages immenfes de cette entreprife feront d'avoir à fort bon marché, dans tous les tems de l'année & fans interruption, de l'eau faine en telle quantité qu'on voudra ; de fe procurer des bains chez foi fans frais & fans embarras ; fur - tout d'avoir un fecours toujours prêt pour arrêter un incendie naiffant, où il fuffit fouvent d'être, au premier inftant du mal , à portée d'une très-petite quantité d'eau. Les rues mêmes pouront être abondament arrofées pendant les féchereffes de l'été ; & rien n'empêchera qu'on ne verfe au milieu des ruiffeaux , l'hiver , une affez grande quantité d'eau pour entraîner dans les égouts les glaces à demi fondues qui féjournent dans les rues, les tiennent impraticables & rendent la ville fouvent fi mal faine pour le Peuple entier qui l'habite.

Quatre grands réfervoirs d'approvifionnement très-élevés , contenant près de cinquante mille muids d'eau , offriront un fecours immédiat & toujours certain pour les incendies : une infinité d'Arts, de Métiers & de Manufactures, comme les Braffeurs , Teinturiers, Dégraiffeurs, Blanchiffeufes , &c., qui font une confommation d'eau fort confidérable & pour qui toute économie eft intéreffante, en auront à peu de frais la quantité dont ils ont tant befoin : les Boulangers fur-tout, qui nous font le Pain avec l'eau des puits, plus ou moins infectée par la filtration des foffes d'aifances & autres humidités morbifiques, pouront enfin tremper leur farine avec de l'eau pure, & répondre aux citoyens, de la bonté, de la fanité du premier des alimens néceffaires.

A 4

La Compagnie se propose en outre d'établir des Fontaines de distribution , placées principalement dans les quartiers éloignés de la rivière, où les Porteurs-d'eau la puiseront sans peine, à très-bas prix, pour l'approvisionnement des petits ménages & des particuliers qui ne voudront point avoir de réservoir chez eux.

Et la profusion d'eau désormais employée dans l'intérieur des maisons, tournant encore au profit des rues de la ville , & s'y réunissant aux eaux de propreté que le Gouvernement peut y répandre à peu de frais, deviendra le garant d'un nouveau bien-être inconnu aux gens de pied ; sur-tout celui d'un air plus sain à respirer, dont on n'a senti jusqu'a présent que le besoin & la privation douloureuse.

Enfin, cette horrible infection qui prend à la gorge , étouffe & suffoque à Paris, dans tous les Quartiers où quelque égout sans eau qui le nétoye, accumule & retient des amas empestés d'immondices, n'affectera

plus l'odorat & la santé des citoyens. Tels
font les efforts, & tel est le but de la
Compagnie qui croit s'honorer aux yeux
de la France entière, en s'intitulant : *la Compagnie des Eaux de Paris.*

DESCRIPTION DE L'ÉTABLISSEMENT.

LE premier des établissemens que la
Compagnie a fait élever est situé à Chaillot, ou Fauxbourg de la Conférence,
près la grille. On a construit en pierres
sous le chemin de Versailles, un canal
de sept pieds de large, pour introduire
l'eau de la Seine dans un bassin aussi bâti
en pierres de taille, & dans lequel est plongé
le tuyau d'aspiration des Pompes : le bassin
ainsi que le canal est creusé de trois pieds
au dessous des plus basses eaux connues.
La Compagnie prie le Public d'observer
que sa prise d'eau se fait fort au-dessus du
grand égoût de Paris qui se jette dans
la rivière vis-à-vis la Manufacture de
la Savonnerie à Chaillot, & que depuis

la Place de Louis XV , il n'y a ni égoût, ni ruiffeau qui puiffe nuire à la falubrité de l'eau qu'elle puife ; & il faut d'autant moins l'oublier, qu'on n'a pas dédaigné d'ajouter à toutes les critiques légères & prématurées qu'on a répandues contre fon établiffement, cette fauffe imputation, que la Compagnie prenait au-deffous du grand égout, l'eau qu'elle puife à cinquante toifes au-deffus.

LA délicate attention qu'elle a eue de placer fes premieres Machines à plus d'une demie lieue de la ville, au feul endroit où l'affluence des eaux eft très confidérable, & où elle pût élever fes réfervoirs affez haut pour dominer la ville entière, quoiqu'il lui en coutât la dépenfe d'une longue fuite de tuyaux employés feulement à ramener l'eau dans Paris, montre affez avec quel foin elle a cherché à prévenir toutes les objections raifonnables.

ELLE aura la même attention de placer fon fecond établiffement fort au - deffus du grand égout des foffés Saint-Antoine, afin qu'aux deux extrémités de la ville , ſes Machines ſoient reconnues ne puiſer que l'eau la plus ſaine & d'une bonté telle, que toutes les poſſibilités le comportent.

La Compagnie a porté l'attention juſqu'à placer à l'entrée du canal, dans la rivière , un tuyau, ou coffre de charpente qui ſe prolonge à vingt - quatre pieds des bords, pour empêcher l'eau qui les lave d'y entrer, & pour la prendre au-deſſus du fond & au-deſſous de la ſurface : cette nouvelle précaution devient même inutile dans les grandes eaux , parceque le mur du quai feſant angle en cet endroit avec le courant, le canal reçoit l'eau pour ainſi dire du centre de la rivière , & les tuyaux d'aſpiration des Pompes étant plongés à une grande profondeur , ne peuvent attirer les corps étrangers qui flottent à la ſurface.

Les ſieurs Périer ont conſtruit ſur le baſſin même, un bâtiment très ſolide qui contient deux Machines à feu de la plus grande proportion connue.

ON croit faire plaisir aux personnes à qui ces Machines ne sont pas familières, de leur donner une légère description de la manière dont elles agissent.

CHAQUE Machine est composée d'une grande chaudière, ou bouilloire de seize pieds huit pouces de diamètre, qui contient toujours une égale quantité d'eau en ébulition : la vapeur que le bouillonnement de l'eau produit sans cesse, est destinée à passer dans un cilindre de cinq pieds de diamètre, posé verticalement & garni d'un fort piston. Deux soupapes, qui s'ouvrent alternativement par le jeu de la Machine, font entrer avec violence, ou dessus, ou dessous le piston renfermé dans le cilindre, autant de vapeur qu'il en faut pour lui imprimer un mouvement de haut en bas très-rapide & dans toute la longueur du cilindre qui le contient. Chaque fois que le piston est remonté au haut de sa course, une injection d'eau froide subitement lancée au-dessous de lui par la Machine, & dans la vapeur dilatée, la condense aussitôt, la détruit & produit un vuide parfait dans tout l'espace occupé par la vapeur ; au même instant une vapeur nouvelle introduite dans la partie supérieure du cilindre, appuie sur le piston & le fait descendre avec une force, une puissance égale à un poids de plus de trente milliers.

Le piston marche ainsi dans le cilindre alternativement de haut en bas & de bas en haut, sans terme & sans arrêt, tant que le feu de la chaudière y tient l'eau en ébulition & fournit de la vapeur qui est ici le seul agent d'un mouvement que nulle autre force connue ne pourrait donner à la Machine : tout le reste est facile à comprendre.

Ce piston qui monte & descend dans le cilindre à vapeur, est attaché à l'extrêmité d'un balancier très-élevé sur son axe, & dont le jeu de fléau imprime, à son autre bout, le mouvement à une pompe de 26 pouces de diamètre & de 8 pieds 4 pouces de levée, dont le piston aspire l'eau du fond du bassin qui la reçoit de la rivière.

Le même balancier, par son mouvement alternatif, ouvre & ferme les soupapes qui permettent, ou empêchent l'introduction de la vapeur dans le cilindre ; il y fait aussi lancer l'injection d'eau froide qui produit le vuide : il restitue enfin à la chaudière autant d'eau qu'elle en perd par l'ébulition & l'introduction de la vapeur dans le cilindre ; enforte que cette Machine n'a besoin que d'un seul homme pour en alimenter le fourneau. Elle donne 8 à 10 impulsions par minute, qui produisent chacune près de 4 muids d'eau : cette eau est foulée, par la pompe qui l'élève, dans un vaisseau cilindrique & plein d'air comprimé qui la force à son tour de monter dans les réservoirs à 360 toises de distance, & a 110 pieds d'élévation au-dessus des basses eaux de la Seine, par un tuyau de conduite de 22 pouces 6 lignes de diamètre, commun aux deux Machines.

Chaque Machine élève & fait monter, en 24 heures, environ 400 mille pieds cubes d'eau, pesant 28 millions 800 mille livres,

& compofant 48,600 muids d'eau, dans les réfervoirs conftruits fur le haut de la montagne de Chaillot ; & c'eft leur élévation de 110 pieds qui permet à la Compagnie de donner de l'eau dans tous les quartiers de Paris fans exception.

Ces réfervoirs, au nombre de quatre, ont chacun 30 toifes de longueur, 10 de largeur, 9 pieds de profondeur, & contiennent 1800 toifes cubes d'eau de Seine, ou les 48,600 muids dont nous avons parlé. L'on a fait quatre réfervoirs, exprès pour pouvoir clarifier l'eau en la laiffant dépofer avant de l'offrir au Public ; ainfi il y aura toujours aumoins un réfervoir qui s'emplit, un qui dépofe, un qui fait le fervice & un qui peut être en réparation : l'on a même prévu le cas, prefqu'impoffible, où les 4 réfervoirs auraient befoin, dans le même temps, d'être réparés ; un embranchement de tuyau à robinet, fait communiquer la grande conduite qui monte l'eau des Machines aux réfervoirs, avec celle de diftribution, de manière qu'au befoin, il ferait facile de donner de l'eau à Paris fans la faire entrer dans les réfervoirs.

Ces quatre baffins font enduits d'un maftic extrêmement uni qui laiffe appercevoir les moindres fentes, ou gerfures par où l'eau pourrait s'échaper, & qui ne permet à aucune plante de s'attacher aux parois des baffins. Ils font élevés de 2 pieds, les uns au-deffus des autres, pour en faciliter le nétoyement.

Quoique les deux Machines foient faites pour fe fuppléer, en cas de réparations, on a néanmoins eu l'attention de donner affez de diamètre au tuyau qui monte aux réfervoirs, pour pouvoir les faire marcher enfemble en un befoin extraordinaire, comme ferait un violent incendie.

Et pour que ce fervice effentiel fe faffe toujours avec une profufion d'eau, propre à raffurer les Citoyens, la Compagnie fe propofe d'établir, dans toutes les rues & contre les maifons, d'efpace en efpace, de petits enfoncemens dans les murs, fermés

més d'une porte de fer, qui contiendront un bout de tuyau de cuir à vis, avec un robinet fourniſſant une ſi grande quantité d'eau qu'elle pourra former un jet de 40 à 50 pieds de hauteur dans la plupart des quartiers de Paris, attendu l'élévation des réſervoirs d'où elle part.

C'eſt cette diſpoſition qui permettra, comme on l'a dit, d'arroſer les rues dans les ſéchereſſes, de les laver abondament dans les fontes de neige & toutes les fois que le Gouvernement le croira néceſſaire.

DISTRIBUTION DE L'EAU.

La diſtribution ſe fera par une conduïte principale en fonte de fer, d'un pied de diamètre : cette conduite arrivée à la Porte Saint-Honoré, en ſuivant la rue de Chaillot, celle Neuve de Berry & le Fauxbourg, ſe diviſera en pluſieurs branches d'un plus petit diamètre, par la rue Saint-Honoré, le Boulevard, la rue Neuve - des - peits-Champs, &c. De ces conduites partiront,

de distance en distance & par des embran-
chemens, des tuyaux placés le long des
maisons, lesquels fourniront l'eau, par
de petits tuyaux de plomb, à tous les
Abonnés.

L'eau s'élèvera, dans la plupart des
quartiers, à 12 & 15 pieds du pavé :
les personnes qui voudront la faire monter
dans les étages supérieurs, peuvent se
procurer, comme on le fait à Londres,
de petites machines peu dispendieuses
qui, recevant leur mouvement de l'eau
versée dans le réservoir de l'abonnement, en remonteront une partie aussi haut
qu'on le voudra. Les sieurs Périer fourniront
ces Machines à tous ceux qui en desireront.

La Compagnie s'engage même à élever
l'eau dans les réservoirs placés au haut
des maisons qui seront à portée des
conduites principales; mais ce ne sera que
pour une quantité d'eau un peu considérable; cette disposition exigeant un robinet
& un service particulier pour le Fontai-
nier, tandis que les conduites du second

ordre, & dont il vient d'être parlé, fourniront tout un quartier par un feul robinet.
La différence des fournitures fera réglée
par celle de la groffeur des tuyaux def-
tinés à remplir les réfervoirs de chacun.

L'eau fera fervie aux Soufcripteurs tous
les deux jours & à des heures réglées :
leurs réfervoirs s'empliront en quelques mi-
nutes : cette manière de diftribuer l'eau,
qui eft fuivie à Londres, a l'avantage de
donner aux Entrepreneurs deux fois 24 heures pour raccommoder un tuyau qui aurait
befoin d'être réparé, fans que le fervice
public foit interrompu. A l'égard des cas
extraordinaires des fortes gelées, la Compagnie a l'attention de pofer fes grandes
conduites à une telle profondeur en terre,
qu'à moins de ces froids exceffifs & fi rares
en ce pays, la diftribution ne fera jamais
fufpendue un feul jour.

Les réfervoirs des Particuliers auront une
grandeur déterminée, & contiendront le
double de la quantité d'eau pour laquelle
on aura foufcrit. Par exemple, pour un

abonnement de deux muids par jour, le réfervoir en contiendra quatre & fa capacité fera de 32 pieds cubes. Comme il pourait arriver qu'on n'eût pas confommé toute l'eau de fon abonnement, d'un verfement à l'autre ; le réfervoir étant plutôt plein, & l'eau continuant de couler, elle fe répandrait par deffus les bords & occafionnerait un lavage défagréable ; pour remédier à cet inconvénient, la Compagnie fournira, à ceux qui en defireront, des efpeces de balles flotantes & fixées à la clef du robinet qui termine le tuyau de diftribution : quand le réfervoir eft plein, ces balles ferment exactement le robinet.

La Compagnie fournira de plus, très-économiquement, tout ce qui fera néceffaire à la diftribution de l'eau : on trouvera chez les fieurs Périer, des réfervoirs de toutes les proportions, en bois fimplement, ou doublés en plomb, mais qui tiennent l'eau parfaitement : ils en conftruifent auffi qui filtrent la partie de l'eau qu'on deftine à la table, & qui la rendent de la plus grande limpidité : ils publieront un tarif du prix de ces réfervoirs & des tuyaux de plomb néceffaires au prolongement de la diftribution dans l'intérieur des maifons.

CONDITIONS DE L'ABONNEMENT.

La Compagnie n'a rien épargné pour donner à cet établiffement toute l'étendue, la folidité & la perfection qu'exige une entreprife d'une auffi grande utilité : les expériences connues de fes Machines, vérifient les calculs que les fieurs Périer avaient faits d'avance de leur produit; & la Compagnie eft actuellement en état de réalifer la propofition qu'elle a faite au Public en 1777, de foufcrire un Abonnement dont voici les conditions.

1°. Les Particuliers, Corps, Communautés & Hôpitaux qui defireront de l'eau, foufcriront un Abonnement fous feing privé, comme étant plus économique, pour 3, 6, ou 9 années, ou même davantage, & payeront 50 livres par an, pour un muid d'eau par jour, & à proportion pour une plus grande quantité.

Pour mettre chacun à portée de connaître tout l'avantage de la Soufcription qui lui eft offerte, on établit ici la proportion entre le prix moyen de l'eau dans Paris, & celui de l'Abonnement avec la Compagnie. La voye d'eau actuelle contient environ trente pintes ; le muid, 250 pintes, ou huit à neuf voye d'eau; le prix moyen de la voye d'eau eft de 2 fols ; ainfi un muid ou 8 à 9 voyes par jour, acquifes par les moyens ordinaires, coûtent de 17 à 18 fols, lefquels multipliés par les 365 jours de l'année, font une fomme de plus de 300 livres ; d'où il fuit que la Compagnie offre à fes Abonnés d'un muid d'eau par jour, pour 50 liv. par an, ce qui leur coûte aujourd'hui plus de cent écus ; c'eft-à-dire, qu'il y aura plus des 5 fixièmes d'économie pour tous ceux qui s'abonneront avec elle.

Pour la facilité d'un calcul net & général, la Compagnie a réfolu de modérer le prix de tous les frais de conduite, de re-muement de pavé & de fourniture du tuyau de plomb qui conduira l'eau juf-qu'à la porte de chaque Abonné, au prix d'une année de fon Abonnement ; ainfi le Soufcripteur d'un muid d'eau par jour, ou de 50 livres par an, ne payera, en s'abonnant, que la fomme de 50 livres, une feule fois, pour tous les frais indiqués ci-deffus & pour l'entretien dans tout le cours de fon Abonnement; celui de deux muids, 100 livres, & ainfi en montant dans la proportion de tous les Abonnemens.

Ce payement eft une indemnité très-mo-dérée pour la Compagnie, des frais d'un tuyau pofé exprès & qui deviendrait inutile fi l'Abonnement venait à ceffer : on doit fen-tir, par exemple, qu'un Abonnement d'un muid par jour, qui cefferait au bout de trois années, ne laifferait pas affez de bé-néfice à la Compagnie, pour l'indemnifer du prix d'un tuyau de plomb, de fa pofe & des frais de pavés, &c. &c.

2°. Le prix de l'abonnement sera toujours payé d'avance, d'année en année ; au moyen de quoi la Compagnie se chargera de tous les frais, & les Souscripteurs économiseront le prix d'un acte d'Abonnement par devant Notaire.

3°. A l'expiration de l'Abonnement, s'il est renouvellé sur le champ, le Souscripteur ne payera rien à la Compagnie ; mais s'il y a interruption, son tuyau ayant été coupé, il payera encore, pour la nouvelle pose & fourniture, le même prix d'une année de son nouvel Abonnement.

4°. La Compagnie, au moyen des prix ci-dessus, rendra l'eau dans tous les quartiers de Paris & dans toutes les maisons, & se chargera de tous les frais quelconques d'établissement, de conduite & d'entretien, jusqu'à la porte de chaque Souscripteur.

5°. La Compagnie fournira, sans difficulté, une plus grande quantité d'eau à ceux qui en auront déjà acquis, en payant toujours

toujours annuellement ladite somme de 50 livres pour chaque muid d'eau d'augmentation par jour, & les frais dans la proportion indiquée, attendu qu'il faudra lever le pavé & changer le tuyau toutes les fois que la quantité d'eau demandée sera plus considérable.

OBSERVATION.

A mesure que les tuyaux de conduite avanceront dans Paris, la Compagnie donnera un avis public à tous les habitans du Quartier ou s'en fera la pose, de soufcrire leur abonnement au Bureau général de la Compagnie : & dès-apréfent tous les habitans du Fauxbourg S. Honoré, depuis la Barrière de Chaillot, celle du Roule & rues adjacentes, jufqu'à la Porte Saint-Honoré, font prévenues que leur abonnement sera reçu du moment de la publication du préfent Profpectus, jufqu'au premier Février 1782 : mais ils font avertis que s'ils laiffaient paffer le tuyau de conduite devant leur Porte, avant d'avoir foufcrit, la dépenfe qu'une pose

particulière entrainerait ensuite , exigerait
un traitement à part & beaucoup plus dif-
pendieux pour eux que celui de la poſe
générale de chaque rue.

Le Bureau de la Compagnie eſt chez les
ſieurs Périer Frères , rue de la Chauſſée d'Antin ;
il ſera ouvert tous les matins depuis huit heu-
res juſqu'à midi.

FIN

Permis d'imprimer & diſtribuer , le 13 *Octobre* 1781,
LE NOIR.

De l'Imprimerie de la veuve BALLARD & Fils, Imprimeurs
du Roi, rue des Mathurins.

INV
VA

www.ingramcontent.com/pod-product-compliance
Ingram Content Group UK Ltd.
Pitfield, Milton Keynes, MK11 3LW, UK
UKHW022349120726
13694UKWH00004B/1784